Willy Peters

STERBEN, TOT

UND

DANACH

nichtwissenschaftliche Überlegungen eines
halbherzigen Atheisten

Die Deutsche Nationalbibliothek verzeichnet diese
Publikation in der deutschen Nationalbiografie;
detaillierte bibliografische Daten sind im Internet über:

http://dnb.d-nb.de abrufbar

© 2010 Willy Peters

Herstellung und Verlag: Books on Demand GmbH
Norderstedt

ISBN: 9783842318854

Text und Covergestaltung: Willy Peters

Neue deutsche Rechtschreibung

Wer bin ich?

Kein junger Mensch mehr. Als ich jung war, habe ich mir auch kaum Gedanken über Sterben und Tod gemacht.

Ich bin Rentner und 67 Jahre alt und hatte nie eine schwere Krankheit, nie einen schweren Unfall. Ich rauche nicht und trinke nie mehr als eine Flasche Alkohol pro Jahr!!! (für Andere wohl eher eine Tages- oder Wochenration).

Mein Leben lang war ich den Naturwissenschaften, der Technik und den Zukunftstheorien verschrieben. War viele Jahre Fernsehtechniker im Kundendienst. Ich behaupte von mir, auch heute noch, allem Neuen gegenüber aufgeschlossen zu sein. Handys, Computer schnelle Autos haben mich immer interessiert.

Ich bin relativ gesund, beweglich, naturliebend. Es liegt für mich eigentlich kein Grund vor über das Sterben nachzudenken – aber dennoch erschrecke ich manches Mal über mein Alter. Mein Kopf glaubt in den Vierzigern zu sein, der Großteil meines Körpers glaubt in den Fünfzigern zu sein, ein kleiner Rest mag doch schon älter sein, spätestens dann, wenn eine hübsche, junge Frau vor mir steht …

Inhalt:

Wer bin ich	**3**
Meine Motivation	**7**
Was sind wir?	**9**
Tod sein, was ist das	**15**
das Wortes – Tot	**17**
Was ist Sterben	**21**
Unsterbliche Seele?	**31**
Angst vor dem Tod	**41**
Zum Trost	**53**

Meine Motivation

Einführend will ich noch Folgendes sagen:
Manch einem ist der Gedanke sterben zu müssen schrecklich, schrecklicher ist er meist wirklich nur für die Angehörigen. In meinem Alter hat wohl jeder schon einmal eine Beerdigung miterlebt, vielleicht auch unmittelbar dem Sterben eines Freundes oder eines lieben Menschen beigewohnt. Ja auch ich habe auf Totenfeiern und Friedhöfen schon manche Träne vergossen. Es ist um so furchtbarer je näher der Mensch einem gestanden hat. Das einzig Gute daran ist, dass es uns alle betrifft, dass es niemanden gibt, der sich durch irgendwelche Machenschaften freikaufen kann. Der Tod ist eine omnipotente Tatsache. Eine Tatsache die unser diesseitiges Leben als Mensch kompromisslos beendet ... jedes Menschen!

Sterben, der Tod und was danach kommt, sind und bleiben Mysterien, die die Wissenschaft wahrscheinlich nie völlig aufklären wird.
Sollte der Wissenschaft einmal der Einsteinschen Meinung nach (alles, was denkbar ist, ist auch machbar) gelingen Raum und Zeit zu manipulieren - selbst dann wird der Tod das Ende unseres Dasein bestimmen. Ich meine, das Leben der Menschen wird später einmal sehr viel länger dauern - vielleicht durch Genmanipulation vielleicht auch durch Kybernetisierungen - fast alles am Menschen wird ersetzt werden können ... nicht aber der endgültige Tod abgewendet.

Denn nichts, überhaupt nichts hält ewig, nicht die Menschheit, nicht Tiere, nicht Pflanzen, nicht Planeten, nicht Sonnen, nicht Sterne, nicht einmal das Universum. In Indien spricht man von den sieben Pulsationen des Weltalls - hat der Urknall schon sieben Mal stattgefunden - hat sich schon alles Sieben Mal erneuert?
Wie heißt es in vielen Glaubensrichtungen?
»Von Ewigkeit zu Ewigkeit«
»Aus Staub bist du und zu Staub wirst du«.
»Aus Sternenstaub sind wir gemacht, zu Sternenstaub werden wir!«

Was sind wir, physikalisch betrachtet?

Sich selbst reproduzierende, autonome, biologische Maschinen. Wir behaupten, dass wir leben. Warum wir das behaupten? Weil wir unser Selbst bewusst sind, unsere Handlungen koordinieren, dass wir zielgerichtet denken können und aktiv in unsere Umwelt eingreifen, dass wir den Unterschied von Gut und Böse kennen und uns in der Umwelt behaupten können, ja dass wir sie aktiv unserem Willen unterordnen können ...
Da ist aber noch etwas, dass über unseren Verstand hinaus zu gehen scheint ...
Sie wissen was ich meine - noch etwas zu unserer unsterbliche Seele ...
Von der in fast allen Weltreligionen gesprochen wird, mit der wir einmal vor unseren Schöpfer treten müssten um uns für all unsere Taten und unser Erdenleben verantworten müssten ...
Sicher haben Sie schon etwas vom genetischen Code gehört, er ist das Muster, nachdem wir Menschen gestrickt sind. Das ist diese gewaltige Anordnung von chemisch codierten Merkmalen unseres Menschseins. Um diesen Code gab es in den letzten Jahren viel Spektakel, ja auch Nobelpreise. Dieser Code ist bis auf winzige Kleinigkeiten völlig entschlüsselt. Das bedeutet aber nicht, dass wir schon alles darüber wissen. Welcher Code zu welchen Körpereigenschaften des Menschen gehört, muss erst noch im Einzelnen festgestellt werden, und das wird noch viele Jahre, wenn nicht gar Jahrzehnte dauern. Was wir bisher darüber wissen, ist wirklich nur ein

winziger Bruchteil. Und doch könnten wir Menschen, wenn wir wollten, schon jetzt einzelne Eigenschaften des Menschen bestimmen oder variieren – wenn es da nicht in fast allen Ländern Gesetze gäbe, die das bislang verbieten. Aber was Albert Einstein einmal gesagt: Alles, was denkbar ist, ist auch machbar! – Das aber bedeutet nichts weiter, als es eines Tages praktiziert werden wird. Von der Konstruktion und Anwendung von Atomwaffen hat die Menschheit ja auch nichts abgehalten - außer die späte Einsicht, dass man sie aufgrund von universellen Gefahren für die Erde und alle auf ihr lebenden Menschen niemals in großem Maßstab einsetzen darf, es sei denn, wir wollen uns als Gattung Mensch ein für alle Mal ausrotten!

Doch zurück zum genetische Code, der uns zu dem programmiert was wir sind. Dieser Code beinhaltet sehr viel weniger Informationen, als man früher einmal gedacht hatte. Da sind viele Leerstränge enthalten, in denen keinerlei Informationen gespeichert sind und die auch keinerlei Nutzen zu haben scheinen. Oder aber sie enthalten einen grundsätzlich anderen Code, den wir zurzeit noch nicht zu entziffern vermögen. Vielleicht sind es auch nur Reserveabteilungen für uns Menschen, damit wir eines Tages die Möglichkeit haben, den Code nach unserem Willen und Wünschen zu füllen? Vielleicht aber ist dort auch das enthalten was wir mit dem Begriff: »Seele« umschreiben. Etwas das erst aktiv wird, wenn wir die Schwelle vom Leben zum Tode überschreiten. Vielleicht wird dann unser körperliches Dasein in ein geistiges transferiert.

Vielleicht steigen wir dann auf in eine göttlich, geistige Umgebung, die unsere kühnsten Erwartungen in den Schatten stellt. Vielleicht ist unser Erdendasein wirklich nur ein ganz winziger, bescheidener Teil unser wirklichen Existenz - vielleicht währt unsere andere geistige Existenz tatsächlich eine fast Ewigkeit gegenüber unserem irdischen Dasein? Vielleicht sind wir gar wirklich selber Götter, die nur zum Zwecke ihrer Selbsterfahrung einer körperlichen Existenz vorübergehend zu Geschöpfen dieser Erde werden. Vielleicht kehren wir nach dieser Prüfung nur einfach dahin zurück, woher wir geschickt wurden? Wäre das nicht im Sinne einer göttlichen Schöpfung viel sinnvoller und viel wahrscheinlicher?

Wir sprechen hier auf Erden von Göttern, Engeln und himmlischen Heerschaaren, einem alles beherrschenden, universellen Wesen und sind es doch tatsächlich alles selber? Vielleicht wurde uns nur vorübergehend bei unserem Aufenthalt auf der Erde, die Erinnerung und das Wissen unser Göttlichkeit genommen - vielleicht darum, damit wir nicht in Konflikt mit unserer menschlichen Existenz kommen?

Spricht nicht Vieles dafür? Sätze wie: Aus Erde seid ihr gemacht und zu Erde werdet ihr werden, wenn der Herr euch abruft, wenn der himmlische Vater uns wieder in seine Arme nimmt, ihr werdet aufsteigen zu Gott, ihr werdet zur rechten Gottes sitzen oder ihr werdet die Herrlichkeit des Herrn schauen? Sind das nicht alles Indizien dafür, dass wir nur wieder dorthin zurückgehen, von wo her wir gekommen sind, dass der Tod nur ein unbedeutendes Detail unserer wirklichen

Existenz ausmacht, einer Existenz, die ewig währt? Wirklich ewig, nicht gebunden an die Existenz unseren oder irgendeines anderen Universums, nicht gebunden an des Leben unserer Sonne, nicht gebunden an das Leben unseres heutigen Universums? Unabhängig von Zeit und Raum - vielleicht dauert unsere geistige Existenz tatsächlich von Ewigkeit zu Ewigkeit ...

Was passiert mit den nahestehenden Angehörigen – warum tritt ein Verstorbener, als Geistwesen, nicht mit ihnen in Kontakt? Es würde doch den Abschied von dieser Welt viel einfacher machen. Was wäre, wenn es diese Kontaktversuche wirklich geben würde – wenn wir heute lebenden Menschen es nur verlernt hätten, Zwiesprache mit unseren Ahnen zu halten. Noch heute jedenfalls gibt es einige wenige Volksgruppen, die mit ihren Ahnen reden. Einstmals waren es die Indianer Nordamerikas - heute sind es wohl nur noch die Aborigines Australiens ...
Natürlich belachen wir heute so etwas als aufgeklärte Menschen. Wir wollen alles bewiesen sehen, möglichst fein säuberlich ausgedruckt und von Wissenschaftlern oder Anwälten bestätigt. Diese Naturmenschen können uns ja viel erzählen und können glauben was sie wollen - aber eben nicht beweisen. Wir tuen so etwas ab als Scharlatanerie, nicht zuletzt, weil uns der Draht in unserem Hirn abhanden gekommen ist - wir wollen nicht glauben und können es letztlich auch gar nicht mehr. Eigentlich schade!
Früher wussten die Naturvölker ganz genau, was passiert, wenn sie einmal sterben müssen - sie werden

von ihren Ahnen, dem großen Manitu freundlich aufgenommen - da gab es keine Angst vor dem Unbekannten, keine Angst vor einer großen Leere einem absolutem Nichts oder wie auch immer … sie konnten in Frieden mit sich selbst diese Welt verlassen und in eine andere schon auf sie wartende Welt eintreten … in ihre ewigen Jagdgründe, in denen es weder Not noch Mühsal geben würde, nur das Glück mit ihren Ahnen wieder vereint zu sein.

In diesem Sinne - gibt es vielleicht Hoffnung, dass der Tod nicht das Ende bedeutet. Ich glaube, dass eine mögliche Existenz nach dem Tode an keine Glaubensrichtung oder Konfessionszugehörigkeit gebunden ist. Der Himmel oder das Paradies steht allen Menschen offen - ob gut oder böse, ob arm oder reich … ob der Sterbende letztlich vor einen alles wissenden Richter gerufen wird, um sich für seine Taten auf Erden zu verantworten, ist eine ganz andere Frage …

Tot sein, was ist das?

Tot sein, ist das, was unausweichlich auf jedes Lebewesen unserer Erde zukommt. Für uns Menschen kommt das Sterben mit absoluter Sicherheit, für den Einen früher, vielleicht durch Krankheit oder Unfall und für den Anderen, spät, sehr spät. Einige von uns schauen angstvoll auf den Tod - weil er ihnen viel zu früh droht ... andere wünschen sich den Tod, warum auch immer.

Zum Tod gibt es nichts Vergleichbares, nichts Endgültigeres. Bei manchen Krankheiten, Unfällen, Katastrophen können wir noch bangen und hoffen, vielleicht im letzten Augenblick davon zu kommen, nicht aber vor dem Tod. Gewiss können wir ihn, dank der Fortschritte in der Medizin, immer weiter hinausschieben, weiter denn je, sogar vorübergehend überlisten - aber dennoch bleibt die Gewissheit - der Tod kommt zu uns, über uns, in uns ... macht uns letztendlich wieder zu dem, woraus alles gemacht ist - zu Erde, Asche, zu seinen chemischen Bestandteilen - zu Sternenstaub!

Tot, töten - was bedeutet dieses Wort?

Totes Meer, totes Wasser, totes Gestein, tote Welt ...?
Im engsten Sinne verwenden wir dieses Wort für »nicht lebendig!«
»Totmachen bedeutet demnach etwas Lebendiges in etwas Totes zu überführen - doch ist es wirklich so? Wird ein lebendiger Käfer, den wir zertreten, zu etwas Totem? Gewiss die Rückstände, die von ihm bleiben, haben sein Leben als Käfer beseitigt - aber eben diese Reste sind doch nicht tot - sie bestehen zum Teil noch immer aus lebender Materie im weitesten Sinne ...

Wir Menschen nehmen uns das Recht zu töten ...
Einen Käfer zu zermatschen, werden Sie sagen, fällt nicht unter den Begriff des Tötens. Wo aber fängt es an? Sie meinen, dass die Absicht dahinter stehen muss. Natürlich kann die Absicht auch im Töten eines Käfers liegen, etwa dann, wenn er uns ärgert oder gar beißt oder sticht - wenn Ameisen vielleicht gerade dort hin krabbeln, wo wir sie nicht haben mögen ... Im Ernst, wie viel Fliegen, Mücken, Käfer, »beseitigt« ein Mensch im Laufe seines Lebens? Oft zufällig manchmal absichtlich.

Dann aber kommt die erste Hemmschwelle, nicht jeder Mensch zertritt absichtlich einen Frosch, eine Maus, eine Eidechse. Da setzen Hemmungen ein, man überlegt, ob man töten soll, man wägt ab und lässt es schließlich - nicht zuletzt um sich den überaus ekligen Anblick eines zerquetschten Tieres zu ersparen.

Darauf folgt die zweite, nächsthöhere Schwelle: Hasen, Katzen, Hunde - da werden zusätzlich andere Mechanismen wirksam. Man würde sich beschmutzen oder den Eigentümer verärgern. (Nach dem Gesetz eine Sache beschädigen) ... Natürlich nehmen die Damen und Herren der Jägergilde auch Hasen aufs Korn, manchmal auch Katzen und streunende Hunde. Töten sie? Nein sie töten doch nicht! Ein Jäger erlegt, gibt den Fang- oder Gnadenschuss. Dann bricht er das Wild auf, schlachtet, weidet aus. Schon sehr früh hatten sich solche Ersatzworte entwickelt, sicher um die Gilde der Jäger und Förster von der Schuld des Tötens zu entlasten. Genauso die Schlachter, Schlachthöfe, Metzger, Abdecker ... sie alle sind Töter - wenn ihre Motive zum großen Teil auch nur der Ernährung der Menschen zu ihrer Fleischversorgung dienen.

Entscheidend ist der Umgang mit der Kreatur - und da scheiden sich die Geister. Meinen die einen mit der stumpfen, nicht denkenden Kreatur; Schwein, Rind oder Schaf brutal und gefühllos umzugehen – die Schweine zu treten auf ihrem letzten Gang, oder gar die Kälber am lebendigen Leib die Gliedmaßen abzuschneiden. Gewiss gibt es Regeln und Verordnungen, das Tiere erst zu betäuben oder anderweitig einzuschläfern sind, ehe sie zerteilt werden - aber die Praxis der Schlachthöfe sah und sieht leider noch immer anders aus ... entmenschte Sadisten weiden sich an den Qualen der Tiere, fügen ihnen völlig unnötigen Schmerz zu. Es reicht einigen Perverslingen nicht nur zu töten, sie wollen ihre Macht

ausspielen, genießen oder sich gar sexuell befriedigen. Zum Glück sind solche Handlungsweisen nicht mehr so häufig und längst nicht mehr die Regel, zu viele Tierschutzorganisationen haben sich dieser Machenschaften angenommen.
Doch dies nur am Rande, weil es eigentlich nicht mehr zum Thema gehört. Das Buch soll den menschlichen Tod untersuchen, finden, definieren, erklären ...

Schon die ältesten Überlieferungen versuchen den Tod zu tierifizieren und zu personifiziert.
Die Ägypter, Inkas, Majas hatten ihre eigenen Verkörperungen. Schlange, Totengott, Schakal, Krähe, oder gar der Sensenmann in Europa - ein Schnitter in schwarzes Leinen gehüllt, die Sense in der Knochenhand ... der in der Zimmerecke oder am Bett bei seinem Delinquenten schon wartet, um ihn in das Totenreich zu entführen. Oder viel früher der Totengott Ares, der auch gleich der Gott des Krieges und der Zerstörung war.

Ich werde einmal tot sein ist sicher richtig, vielleicht auch ich war tot ... wenn er oder sie für einige Minuten klinisch tot waren und wiederbelebt wurden ... nur ich bin tot - geht wohl nicht, denn »ich bin« setzt voraus, dass ich als lebende Person noch existiere. Es sei denn, ich existiere nach dem Tode noch oder schon wieder.

Was ist Sterben?

Sterben ist der langsam gleitende Prozess vom Leben in den Tod. Es kann schnell und abrupt passieren oder langsam und quälend - alle Nuancen sind möglich. Wann jemand noch lebt und wann er wirklich tot ist, hat schon immer die Gemüter bewegt. Der Scheintot ist seit alters her belegt und die Menschen fürchteten sich früher sehr, vielleicht scheintot unter die Erde zu kommen. Im späten Mittelalter hatte man kuriose Konstruktionen ersonnen, die in Särgen und Gräbern eingebaut wurden, um den vom Scheintod erwachten die Möglichkeit zu geben Signale nach oben zu geben - damit er nicht jämmerlich ersticken müsste.
Scheintotfälle häuften sich besonders zur Zeit der großen Seuchen - immer wieder hörte man von Überlieferungen, dass aus den Bergen von Pestopfern Lebendige krochen, die man für tot hielt. Aus dem alten Wien behauptete man von einem, namens Augustin, er sei nach vielen Tagen aus einer Grube mit Dutzenden Toten gekrochen. Man hielt ihn für ein Pestopfer, tatsächlich aber war er nur stockbesoffen ...
Früher glaubte man jemand sei tot, wenn sein Herz nicht mehr schlägt - das aber ist nicht korrekt. Solange das Gehirn noch arbeitet, ist der Mensch nicht tot. Sagen wir, solange das Gehirn noch keinen Schaden genommen hat, ist eine Umkehrung des Prozesses noch möglich - in der Regel etwa 4-8 Minuten, unter besonderen Bedingungen auch sehr viel länger. Etwa bei starker Unterkühlung, oder bei Sauerstoffübersättigung. Seit Erfindung der Herz-

Lungenmaschine stimmt es mit dem aufhörendem Herzschlag schon gar nicht mehr - eine Maschine kann für viele Stunden Herz und Lungenfunktion übernehmen - das heißt, obwohl der Patient für viele Stunden weder atmet noch einen Herzschlag hat ist er nicht tot. Aber da gibt es noch andere Phänomene ...

Es ist bekannt das mit abnehmender Temperatur der Sauerstoffbedarf jeder lebenden Zelle sinkt - und irgendwann im Minusbereich sogar völlig aufhört, Sauerstoff zu fordern. Das dürfte so bei Minus 80 Grad Celsius sein. Bei noch tieferen Temperaturen, so etwa bei flüssigem Stickstoff könnten Menschen theoretisch Jahrzehntausende überdauern. Bisher darum nur theoretisch, weil es heute noch keine Möglichkeit gibt, die Eiskristallbildung beim Auftauen zu unterbinden ... Die Eiskristallbildung sprengt und zerstört die Körperzellen. Wird man dieses Phänomen einmal im Griff haben, könnten alle Lebewesen, einschließlich der Menschen beliebig lange eingefroren werden und Ewigkeiten überdauern – aus welchem Grunde und warum auch immer. Denkbar wäre die Heilung, jetzt noch unheilbarer Krankheiten, in einer fernen Zukunft - oder bei lang dauernden Raumflügen zu anderen Sternen.

Doch zurück zum normalen Sterben - es geschieht demnach nach menschlichen Maßstäben oftmals in chronologischer Folge: Organversagen, Herzversagen, Atmungsversagen, Hirnversagen ...

Nach acht bis zwölf Minuten beginnen bei Zimmertemperatur irreversible Prozesse, also Vorgänge, welche die strukturelle Integrität des

Gehirns unumkehrbar zerstören. Nach weiteren Stunden schon beginnt dann die Auflösung des gesamten Zellsystems ...

Doch zurück zum Zeitpunkt des Todes und der unmittelbar darauf folgenden Geschehnisse:

Das Herz ist stehen geblieben - die Blutversorgung des Hirns hört auf. Wegen Sauerstoffmangel beginnt das Bewusstsein zu halluzinieren ... Schmerzempfindungen versiegen. Der Sterbende fühlt sich zunehmend leichter und von allen Belastungen befreit ... Die Augen sehen noch und die Ohren hören, Gerüche werden wahrgenommen, Stimmen werden zum Flüstern, Bilder verschwimmen, es wird ruhiger, watteartiger sanfter und stiller.

Dies ist der Augenblick, in dem ein aufmerksamer und erfahrener Beobachter dem Sterbenden die Augen schließen sollte ...

Was danach beginnt, haben schon viele erlebt und beschrieben, alle diejenigen, die praktisch tot waren und wiederbelebt wurden.

Es beginnt ein Schweben, ein Erheben über den Boden, der in den Tod gleitende sieht auf sich herunter wie ein außenstehender Beobachter. Der Geist, der Verstand scheint sich von der Person getrennt zu haben die Person glaubt vor einem weiten Tunnel zu stehen, aus dem helles Licht erstrahlt. Die Stimmung wird fröhlich, ja glücklich, alle Ängste versiegen - das Licht aus dem Tunnel lockt und ruft, die sterbende Person will dem strahlenden Licht entgegenschweben ...

Wolkige Vorhänge säumen den Tunnel, schwebende Gestalten erscheinen, Engel, Gestalten mit Flügeln, sanft und lautlos ...

Das Licht wird heller, gleißender, die Schleier heben sich - sanfte Töne, geflüsterte Worte, Sätze, wirken beruhigend. Glück und Dankbarkeit fluten heran. Gestalten formen sich zu Gesichtern - aus der Vergangenheit, aus Kindertagen - sie sind jung, schön, makellos ...

Gleißende Lichtgestalten schweben heran ... breiten ihre Arme aus umfangen den Ankömmling. Er weiß nun, dass alles gut wird ...

Dieser Augenblick, ist der Letzte über den Zurückgeholte noch berichtet haben. Nie hat jemand von einem späteren Zeitpunkt berichten können. Offenbar ist es gerade dieser Moment, der Berührung mit der Lichtgestalt, welcher den unumkehrbaren Eintritt in das Reich der zeitlosen Ewigkeit einleitet. Für den einen wird es Gott sein, das Paradies, für den Anderen das Nirwana, die ewigen Jagdgründe, das Jenseitige, das andere Ufer, die andere Seite ... oder an was auch immer er glauben mag ...

Was aber ist mit Teufel, ewiger Verdammnis, Hölle oder Unterwelt?

Werden böse Menschen wirklich anders empfangen? Oder sollte die Auslese nach Gut und Böse erst noch später erfolgen, nach dem Weg ins Licht? Wäre das aber nicht eine bösartige Irreführung, wenn am Ende des lichten Weges in einem Seitengang der Teufel lauer und sich seine Leute dann erst greifen würde?

Würde Gott oder eine alles überschauende Gerechtigkeit so etwa inszenieren, oder auch nur dulden?

So, nun haben wir den letzten belegbaren Punkt des Todes erfahren und erkannt. Was geschieht nun, wenn wir mal den Teufel außer Acht lassen?
Erlischt nun alles, kommt nun das große Nichts, kommt nun das, was beschrieben wird? Von Ewigkeit zu Ewigkeit, in eine immerwährende zeitlose Unendlichkeit?
Oder geschieht nun ganz etwas anderes? Der Eintritt in eine andere Welt, jenseits aller Mühsal und Qualen, jenseits aller Pflichten, aller Verantwortungen. Werden wir zu puren Geistwesen aus Energien der Gedanken. »Unsterbliche Seele«, will diese Aussage nicht so etwas offenbaren? Unsere unsterbliche Seele wandelt nun unendlich durch Raum und Zeit …
Werden wir vielleicht zu göttergleichen Geschöpfen die jederzeit alles sehen, alles miterleben können, um ihre Familien auf der Erde, oder wo immer sie sein mögen besuchen zu können? Um vielleicht sogar lenkend und helfend einzugreifen?
Nein, eingreifen sicher nicht, aber doch zuschauen, vielleicht hier oder da einen Fingerzeig geben, etwas in die richtige Richtung lenken?
Oder können die Lebenden gar zu diesen Geistwesen Verbindung aufnehmen, wie in gewissen Patiencen oder Geisterbeschwörungen?
Kann man vielleicht doch mit den Verstorbenen reden, kann man sie befragen? Behauptet wird es seit

Jahrtausenden von Schamanen, von Naturvölkern, von Aborigines ...

Auch die Indianer redeten mit ihren Toten - auch sie glaubten an eine Trennung von Körper und Geist nach dem Tode - und gerade sie waren die wachsamsten Beobachter der Natur.

Was besagen fernöstlichen Glaubenstheorien über Wiedergeborenwerden, sogar als ein Tier. - Achtet jedes Lebewesen!

Reinkarnation zum weiß nicht wievielten Male?

Aber auch in Europa glauben immer wieder Menschen sich an ein früheres Leben, eine anderen Existenz - irgendwann in grauer Vorzeit erinnern zu können ...

Ist also der Tod doch nichts Endgültiges? Ist er etwa nur eine Übergangsphase in eine andere, vorübergehende Daseinsform, welche immer wieder neue Wandlungen durchläuft. Hat es etwas mit den angeblich sieben großen Pulsationen des Weltalls zu tun? Werden wir immer wieder neu erschaffen, wiedergeboren bis zum neuen Urknall, der alles Alte endgültig und für alle Zeit überwindet?

Aber auch etwas völlig anderes wäre denkbar. Zum Zeitpunkt des Todes bleibt die Zeit stehen (weil unser Geist sich gewichtslos mit Lichtgeschwindigkeit bewegt) (eine Ableitung der Theorien von Einstein) - und wenn keine persönliche Zeit mehr vergeht, kann der persönlich letzte Augenblick zur eigenen Ewigkeit werden, in dem sich sein eigenes Leben in tausend verschiedenen Varianten immer wieder abspielt? Selbst nach Tausenden anderen, erträumten Leben liegt er immer noch auf seinem Totenlager, weil für ihn keine Zeit seitdem mehr vergangen ist. Ist das vielleicht mit Unsterblichkeit oder unsterblicher Seele gemeint?

Kann es nicht sein, das vergehende Zeit nur etwas wie eine das Erdenleben umgebende Aura ist, die im Tode erlischt? Ist vielleicht in unserem Gehirn ein Modul, das zum Zeitpunkt des Todes auf zeitlos umschaltet?

Eine zeitlose Zeit ist so etwas denkbar? Physiker neigen immer mehr dazu, solche Zustände als Tatsache zu bezeichnen. In einer bestimmten Nähe zu gewaltigen Gravitationsfeldern, wie sie von Neutronensternen oder Schwarzen Löchern ausgeht, soll die Zeit in der Nähe eines vermuteten Ereignishorizontes tatsächlich zum Stillstand kommen. Sollte es so etwas tatsächlich bei den schwarzen Löchern geben - warum nicht auch anderswo. Noch wissen wir über die grundlegenden Gesetzmäßigkeiten der Gravitation noch viel zu wenig, um wirklich sagen zu können, was Zeit überhaupt ist und wie sie sich tatsächlich verhält. War es nicht mit der Elektrizität ähnlich? Wurden nicht diese Geheimnisse alle erst nach und nach gelöst?

Geben wir es ruhig zu, wir wissen überhaupt nichts über das Wesen der Zeit. Wir wissen nicht sicher, ob sie stehen bleiben kann, auch nicht, ob sie vielleicht auch rückwärtsgehen kann? Wäre dass dann nicht einem Jungbrunnen ähnlich? Wenn der gegangene Lebensweg eines Menschen rückwärts ablaufen würde?

Bei Überschreiten der Lichtgeschwindigkeit wäre es denkbar, zumindest theoretisch, weil es noch keinen Beweis dafür gibt, dass diese Naturkonstante überhaupt überschreitbar ist. Zu bedenken wäre aber - die Schallgeschwindigkeit galt auch einmal als Barriere, wir überschreiten sie heute mit unseren Erdsatelliten und Raumschiffe mehr als 20 flach ...

Und die Dauer unseres Lebens? Der Neandertaler, ein Seitenarm der Menschwerdung oder der Cro-Magnon-Mensch wurden kaum dreißig Jahre alt - zu Beginn der Zeitrechnung war ein Mann von 50 schon recht alt, einem heutigen 80 Jährigen ebenbürtig. In den nächsten hundert Jahren wird die Lebenserwartung bald an ihre natürlichen Grenzen bei 120-130 Jahren stoßen, was aber auch noch nicht die wirkliche Grenze zu sein braucht. Neueste Forschungen vermuten die Altersbegrenzung in den Erbanlagen, die sich irgendwann einmal manipulieren lassen. Der Mensch würde dann sicher noch nicht unsterblich werden, aber zumindest eine vielfache Lebenserwartung von heute haben.

Aber da gibt es vielleicht noch etwas anderes, das sich abzeichnet - eine kybernetische Variante der Lebensverlängerung. Hat der Körper ausgedient, könnte eine Transferierung in eine totale Prothese des Körpers erfolgen - eine Prothese, die in puncto Kraft, Beweglichkeit, Verwendbarkeit die des natürlichen Körpers bei Weitem übertreffen könnte. Von heute aus gesehen würde es mit dem Gehirn und der Persönlichkeit sicher noch Probleme geben - aber warum soll ausgerechnet das nicht lösbar sein,

vielleicht allerdings erst sehr viel später! (Was hat Einstein einmal gesagt? - Alles, was denkbar ist, ist auch machbar!) Eine Aussage, die alles offen lässt ...
Noch ein Schritt weiter wäre denkbar, die Entbiologisierung des Menschen, die totale Befreiung aus dem Tierreich zu einer höheren kybernetischen Existenz, die unsere heutigen Vorstellungen von Leben bei Weitem sprengen könnte. Muss denn alles, was lebt, tatsächlich lebendig sein? Könnten dann nicht eines Tages all die Kriterien, die man heute als Leben bezeichnet einmal völlig neu definiert werden müssen? Aber auch ein anderer Weg wäre denkbar - wenn der Mensch eines Tages den genetischen Code des Lebens voll verstehen wird, kann er sicher Organismen schaffen, die all seine Technik, all seine Geräte und Apparate, Fortbewegungsmittel einschließlich von Raumschiffen aus DNS schaffen - einer so hoch qualifizierten DNS die alle natürlichen Vorbilder bei Weitem übertreffen könnte. Das man alles was je gebraucht würde aus organischem Material zu schaffen imstande wäre - einem organischen Material, das sich ständig regenerieren und nachwachsen könnte.
Werden Häuser gebraucht, wird der Samen gestreut, Gewebe Fleisch und Lebewesen beliebiger Bauart kreiert, ganze Planetensysteme aus lebender Materie?

Haben wir eine unsterbliche Seele?

Eine interessante Frage. Die Physik lehrt uns: Wellen, Strahlung, Energie einmal ausgestoßen oder erzeugt werden erst in unendlicher Entfernung, erst in unendlicher Zeit zu null. Das heißt nichts weiter, als das eine elektrische Schwingung eines Senders mit ihrem Abstand, ihres Entstehungsortes zwar quadratisch an Intensität abnimmt, aber eben immer noch nachweisbar ist, natürlich abhängig vom Einsatz der Mittel und des Aufwandes. So können heute moderne Radioteleskope die Signale eines ganz normalen Handys auf der Erde benutzt noch am Rande unseres Planetensystems empfangen, das heißt in einer Entfernung, in der unsere sichtbare Erde auf die Größe eines Stecknadelkopfes geschrumpft ist.

Was bedeutet das praktisch? In Bezug auf den Tod und unsere Seele? Oh, sehr viel. Unser Gehirn sendet ebenfalls, allerdings auf einer anderen Frequenz und in einer anderen Stärke - aber gleichermaßen gilt, die einmal ausgesendeten Signale durchlaufen gewaltige Wegstrecken - die Gedanken des Sterbenden bewegen sich somit noch Monate, Jahre vielleicht Jahrtausende durch den Raum ...

Ein einfaches Beispiel: ein Gewitter. Es blitzt von Ferne, wir hören nichts und beginnen zu zählen. Bis zum Eintreffen des Donners vergehen 8, 10 oder mehr Sekunden - das aber heißt doch nichts anderes ... wenn der Donner bei uns eintrifft, wenn wir ihn also hören können, existiert der Blitz doch längst nicht mehr ... Wir hören den Düsenjet von einer Stelle des Himmels, an der er sich längst nicht mehr befindet - er kann inzwischen zerstört worden sein, trotzdem aber hören wir noch eine Zeit lang seine Triebwerke. Das Licht unserer Sonne benötigt um die Erde zu erreichen rund acht Minuten, das heißt würde die Sonne Explodieren, könnten wir es auf der Erde frühestens nach acht Minuten bemerken - solange würden uns ihre Strahlen noch ungetrübt erreichen.

Ich will also sagen, der Urheber von Licht, Wärme und Strahlung existiert eigentlich nicht mehr, trotzdem erreicht uns sein Licht und seine Wärme als wäre sie noch immer vorhanden. Im Maßstab des Universums ist das alles noch viel krasser, wir sehen am Himmel Sterne und Galaxien, die es seit Millionen von Jahren nicht mehr gibt, die längst verloschen oder explodiert sind ...

Und genau das auf den Menschen und den Tod übertragen besagt dann aber doch: Ja der Mensch ist gestorben, tot - aber seine im Laufe seines Lebens gedachten Gedanken irren durch den Raum, breiten sich aus wie das Licht der Sterne ... in die unendlichen Räume, auch dann noch, wenn seine Überreste, seine Gebeine längst schon zerfallen sind!

Aus der Physik aber wissen wir, dass sich unterschiedliche Frequenzen oder Schwingungszahlen ganz unterschiedlich schnell bewegen und auch ganz verschiedene Dämpfungen erfahren können, das heißt bestimmte Wellen treten mit bestimmten anderen Wellen in einen Geschwindigkeitswettbewerb, das heißt sie überholen sich gegenseitig, mal die Einen, Mal die Anderen, es bilden sich Interferenzen und

Wechselwirkungen untereinander - könnte das nicht bewirken, dass völlig neue Gedanken und Denkmuster entstehen, die der flüchtenden unsterblichen Seele des Gestorbenen vorgaukeln in einer anderen Art weiter zu existieren?

Wer kennt denn wirklich das Prinzip des menschlichen Denkvermögens so genau - wissen wir denn wirklich das unser Denken nur innerhalb unseres Gehirns stattfindet?

Was ist mit abnormen, paranormalen, kinetischen begabten Menschen? Legen solche Effekte nicht den Verdacht nahe, dass auch Gedanken außerhalb des Gehirns aktiv werden könnten und Wechselwirkungen hervorrufen? Wenn es aber so wäre und Gedanken außerhalb des Gehirns existieren, müsste doch solche Gedanken, folgerichtig, auch sehr lange nach der Existenzbeendigung noch aktiv werden können?

Ist der Tod also doch nicht das Ende für alles?

Ist er nur das Ende der relativen kurzen materiellen Existenz? Doch halt, die Wellen, die das Gehirn aussandte, sind durchaus materiell ... oder? (Duplizität von Welle und Teilchen). Also ist der Tod wirklich nur das Ende des materiellen Bewusstseins unseres Körpers. Nicht mehr und nicht weniger - nur dass ist absolut gewiss!

Vielleicht ist es sogar so, dass nach dem Tode, nach dem hellen Licht und dem Tunnel fast alles so weiter geht. Wir werden uns vielleicht sogar der weiteren Existenz in anderer Form bewusst. Wir reden, agieren, treffen uns mit anderen Geistwesen, machen Spaziergänge, Besuche, gehen vielleicht auch irgendeiner Beschäftigung nach - nur eben ohne die Last des Körpers, ohne körperliches Empfinden. Vielleicht tritt an die Stelle des körperlichen Empfindens ein Gleichwertiges Körperloses, ein schwereloser Zustand der Seele. Alles wird möglich, nichts kann uns oder anderen Schaden zufügen. Die Zeit wird völlig belanglos. Gegenwart, Vergangenheit und Zukunft bestehen zur selben Zeit im selben Raum.

Die Frage des Wiedergeborenwerdens stellt sich dort vielleicht und wird beraten - vielleicht erfolgt sogar eine Auswahl. Vielleicht wird ein winziger Bruchteil eines gewählten Geistwesens in das entstehende Leben auf Erden eingepflanzt - ein so geringer Teil das derjenige es nicht unmittelbar fühlen kann, es aber zumindest ahnt oder in Minuten des in sich Gehens tatsächlich erlebt. Denn immer wieder erzählen Menschen seit Jahrtausenden von Reinkarnation ...

Wussten zum Beispiel die alten Ägypter etwas, das wir heute vergessen haben. Es scheint, das diese Menschen, die in dieser heute noch immer strittigen Vergangenheit, lebten, wirklich über Wissen verfügten, das über die Jahrtausende verloren ging.

Wenn diese Zeitskala der heutigen Wissenschaft fehlerhaft ist und vieles deutet darauf hin - wären die Ägypter das älteste Kulturvolk der Erde und nicht die Assyrer oder der König Nebukadnezar aus Uruk. Im Gebiet der Cheopspyramiden stößt man heute immer mehr auf Merkwürdigkeiten. Besonders wenn die berühmte Swinx, tatsächlich von Wasser dezimiert wurde ... Viel Wasser gab es in diesem Gebiet tatsächlich nur vor mehr als 11 tausend Jahren nach der letzten großen Eiszeit - zu der Zeit war die heutige Wüste von subtropischen Urwäldern bedeckt. Und noch etwas, das Sternbild des Orion, das offensichtlich die Anordnung der Gürtelsterne in Form der drei Cheopspyramiden wiedergibt, erschien genau vor 11500 Jahren über dem Horizont ...

Daraus ergibt sich gleich eine neue Fragestellung - die Cheopspyramiden, wenn sie vielleicht wirklich schon vor viel mehr als nur 4 oder 5 tausend Jahren errichtet wurden, waren ein Muster an Präzision, sie wichen nur um 15 cm! Von der Idealform ab! Müssen die uralten Baumeister über Möglichkeiten und Techniken verfügt haben, die sich im Laufe der Jahrtausende immer mehr verloren hatten - denn alle späteren Pyramiden waren im Vergleich zu den alten stümperhaft und mit wesentlich größeren Toleranzen errichtet!

Gut nun wieder zum eigentlichen Thema, dem Tod.

Verfügten diese uralten Vorfahren der Ägypter vielleicht auch über Techniken Menschen zu konservieren, für lange Zeiträume um sie dann irgendwann wieder zum Leben zu erwecken oder um sie gar zu verjüngen?

Durch irgendwelche äußeren Einflüsse scheint dieses Wissen verloren gegangen zu sein. Vielleicht erinnerten sich erst spätere Generationen daran und schufen so die ganzen Mysterien der verschiedenen Totenkulte. Nein, sie konnten keine Toten mehr für die Ewigkeit erhalten, auch keine gerade Gestorbenen wiederwecken – sie taten nur so, indem sie bestimmte

Handlungen nachvollzogen, ritualisierten. Sie wussten vielleicht von ihren Eltern dass dazu kühle, sterile Räume erforderlich waren, bestimmte Medikamente, Instrumente - vielleicht hatten sie sich auch an das Verhalten und die Bewegungen bei solchen Operationen erinnern können. Sie waren vielleicht auch bei Organtransplantationen dabei, haben gesehen, wie Lebern, Nieren und Herzen entnommen wurden. Ausgetauscht und später wieder eingesetzt, sie haben gesehen wie diese so behandelten schließlich wieder erwachten und weiterlebten - obwohl sie schon scheinbar tot waren.

Natürlich waren sie nicht wirklich tot - man hatte sie nur lange vorher in Stase oder Narkose gehalten? Die Zuschauer glaubten nur, dass diese Leute tot waren - doch konnten sie die wahren Zusammenhänge nicht mehr begreifen und mystifizierten all die Handlungen. Aus Wissen und Gelerntem wurden Vermutungen mystische Umdeutungen ...

Was würden denn heute Naturvölker verstehen, wenn sie einer Herztransplantation beiwohnen würden - wenn sie all das Blut und all die scharfen Messer, Kanülen und Geräte gegenüberständen. Selbst wenn sie sehr genau beobachtet hätten, jeden Handgriff sich einprägten und versuchen würden das, was sie sahen, nachzuahmen. Was würde daraus? Doch nur ein Schlachten und morden? Gewiss würden sie das Herz oder die Leber entnehmen können, das viele Blut in Tiegeln und Töpfen auffangen - eines aber würde ihnen niemals gelingen, den so behandelten Mitmenschen jemals wieder lebendig zu bekommen.

Nicht, weil sie vielleicht zu dumm wären, weil sie nicht richtig mit dem Messer umzugehen wussten - nein, weil sie die elementaren Grundlagen einer Transplantation nicht verstehen konnten - und weil sie nicht über die nötigen lebenserhaltenden Instrumente und Geräte verfügten!

Obwohl die Nachfahren vielleicht wussten, dass sie niemandem mehr retten konnten, übernahmen sie doch die Handlungen, von denen ihnen berichtet wurden. Sie entnahmen den Körpern die Organe und legten sie in Gefäße. Alles, was sie nicht mehr wussten, was sie nicht mehr verstanden, ergänzten sie nach ihrem Gutdenken, wobei sie fälschlicherweise durch lang dauerndes Beobachten entdeckten, dass bestimmte Chemikalien und Ingredienzien die Verrottung toter Körper aufhalten konnten. Vielleicht wussten sie sogar, dass ihnen das nicht wirklich gelingen konnte und hofften einfach, das eines Tages diejenigen wiederkommen würden die einst all diese Techniken praktizierten. Es kann durchaus gut gemeint gewesen sein - die Körper zu erhalten, scheinbar für lange Zeiträume - weil sie einfach die Mechanismen nicht begriffen hatten. Wenn sie geahnt hätten, dass die von ihnen so aufbereiteten Körper durch keine Macht der Welt mehr zum Leben erweckt werden könnten - hätten sie sich vielleicht die Mühe erspart. Diese Fremden kamen aber auch nicht mehr und so behielt man all diese Rituale bei über viele Jahrhunderte, Jahrtausende ... doch blieben all die Toten für immer tot, zumindest ihre Körper. Was mit ihren unsterblichen Seelen geschah wer könnte das sagen?

Bei den Majas in Mittelamerika mag es sich ganz ähnlich verhalten haben - was als brutale, blutige Menschenopfer ohne jeden Sinn von den eintreffenden Europäern verurteilt wurden, waren in Wirklichkeit, die nachempfundenen Rituale, völlig falsch verstandene und verklärt dargestellte Operationen. Oder verfügten die Majas tatsächlich über entwickelte Operationstechniken, die von den Spaniern nicht als solche erkannt wurden! Vielleicht verstanden sie es wirklich Organe zu verpflanzen - auch wenn sie mit Sicherheit keinen Blutgruppentest ausführen konnten – hatten sei vielleicht manchmal sogar Glück und der Patient überlebte tatsächlich - weil sich zufällige Übereinstimmungen ergaben. (Und weil sich durch Inzucht viele nahe Verwandtschaftsgrade ergaben). Dass sie eine ziemlich hoch entwickelte Medizin hatten, steht wohl außer Frage - denn es waren zum Beispiel nicht alle später gefundenen Schädelbohrungen tödlich. Man fand angebohrte Schädel, dessen Besitzer noch jahrelang diesen Eingriff überlebt haben mussten. Man fand auch geschiente und verheilte Knochen, aufgebohrte Zähne, Zahnersatz und Gliedmaßenprothesen ...

Aber überall wirkten dieselben Effekte, die ältesten Artefakte verwiesen auf die ausgefeiltesten Techniken und die größte Präzession - also auch hier schienen die alten Vorbilder durch fortwährende Überlieferung sich immer mehr abzunutzen, sie wurden immer schlechter und stümperhafter ...

Überall und auf allen Gebieten verblassten die Techniken, das Wissen und das Können - so als wenn die Beherrscher und Vermittler eines alten Wissens nicht mehr aktiv, oder einfach nicht mehr greifbar waren, weil sie ausgestorben oder einfach abgereist waren. Wohin? Um mit Däniken zu sprechen - diese Lehrer und Wissensvermittler flogen mit Ihrem Raumschiff zurück zu den Sternen ... alles Gelernte ging langsam aber stetig über all die Generationen hinweg verloren. In den alten Mythen wird aber von einer Wiederkehr gesprochen - diese Wissensvermittler mit göttlichem Status würden zurückkehren ... darauf vertrauend wurden sie von den Spaniern nur zu leicht überrumpelt - weil sie die ankommenden Spanier für die zurückkehrenden Götter, Lehrer, Wissensvermittler hielten - ein absolut tödlicher Fehler. Sie mögen es letztendlich bemerkt haben, doch zu spät. Die besseren Waffen und die bessere Militärausbildung der Spanier taten das Übrige, den Rest erledigten die eingeschleppten europäischen Krankheiten, gegen welche die Körper der Ureinwohner so gar keine Abwehrstoffe hatten. Die Spanier hielten sie daraufhin für kränklich und schwächlich - was natürlich überhaupt nicht den Tatsachen entsprach ...

Wem das mit einer fremden außerirdischen Intelligenz nicht passt oder gefällt - gibt es da noch eine andere Möglichkeit ...

Atlantis als sagenumwobener Ort ist da sicher eine brauchbare Alternative, eine Hochkultur, die sich irgendwo auf einer Insel im Atlantik, abgeschirmt vom Rest der Welt entwickelt hatte.

Irgendwann mag es dort eine gewaltige Katastrophe gegeben haben, die diese Kultur mit einem Schlage auslöschte - die wenigen Überlebenden retteten sich in die verschiedensten Winkel der Welt und wurden dort zu Lehrmeistern für andere Völker. Ist es nicht logisch, dass sich dadurch auf ganz verschienenen Orten der Erde Ähnlichkeiten finden? Steinskulpturen, Pyramiden, Zyklopenbauweisen?

Angst vor dem Tod?

Nein! - Doch eher Angst vor dem, was mich persönlich zum Tode führen wird ...

Doch weiter mit der eigentlichen Frage. Was ist der Tod - ist es vielleicht nur die Umschreibung der Angst vor dem Unbekannten? Was kommt danach? Was passiert da vielleicht mit mir? Hört einfach nur alles auf oder werde ich gerichtet für meine Taten. Komme ich in irgendeine Schublade zu gut oder zu böse? Werde ich leiden, wenn ich Schlechtes getan habe in meinem Leben. Werden dabei meine menschlichen Maßstäbe gelten oder vielleicht doch ganz andere. Wird vielleicht das was ich Gutes getan, habe, gar nicht als gut anerkannt? Was ist überhaupt böse? Bin ich böse, weil ich einen Kunden übervorteilt habe, weil ich falsches Zeugnis ablegte, weil ich vorschnell jemanden verurteilte? Weil ich beim Kartenspiel betrogen habe. Oder bin ich erst böse, wenn ich bösartig integriert oder gar getötet habe?

Verschwinde ich einfach nur, so als würde ich in eine Schlucht stürzen, den Aufprall erwartend, nichts mehr fühlend, ausgelöscht für alle Zeiten. Gewiss wäre ich auch dann noch in materiellem Sinne vorhanden, allerdings in einem so desolatem Zustand, aus dem es kein zurück mehr geben kann.

Materiell gesehen ist das sicher richtig - was aber ist mit meiner angeblich »unsterblichen Seele?« Hat sie mich beim Sterben bereits verlassen oder ist sie noch bei mir? Wenn aber mein Gehirn etwas mit meiner »Seele« zu tun hatte, wie kann sie dann noch bei mir sein, wenn mein Gehirn über die Felsen verspritzt wurde? Wann weiß meine Seele überhaupt, wann sie mich verlassen muss? Gibt es vielleicht auch dafür ein zu spät? Was passiert mit einem islamistischen Selbstmörder, der sich in die Luft sprengt? Hat seine Seele im Tausendstel Bruchteil einer Sekunde noch Zeit sich vom sterbenden Körper zu lösen? Oder ist dies einer der Fälle, wo auch seine unsterbliche Seele ein für alle Mal verloren geht. Diese Leute glauben, dass sie von Allah nach ihrem Eigen- und Massenmord mit offenen Armen empfangen werden? Vielleicht aber täuschen sie sich da - vielleicht mag Allah keine Mörder und Selbstmörder - vielleicht ist er sogar sehr ärgerlich, dass ihm die fehlgeleiteten Märtyrer ins Handwerk gepfuscht haben?

Tod - wie war er früher, der ganz normale Tod aus Altersgründen? Die Familie war beisammen, saß am Sterbebett und wartete auf die die Blicke, Worte und den letzten Atem des Sterbenden … Eine Idylle, die der Würde des Sterbenden sicher sehr entgegen kam. Letzte Worte konnten gesagt werden, Mahnendes, vermächtnishaftes, aber auch Dank für das Leben und die Pflege, die man dem Hinübertretenden angedeihen ließ. Was sagen unsere Urgroßeltern darüber? Er oder Sie schliefen ganz friedlich ein, vielleicht sogar noch mit einem Lächeln auf ihren Lippen - weil alles gesagt und über alles gesprochen wurde. Da sich das Sterben über mehrere Tage hingezogen hat, war Zeit da, die Angehörigen konnten warten, alles geschah in Ruhe, die letzten Stunden waren der Situation angemessen.

Wo geschieht das Sterben heutzutage? Fernab von Zuhause, in einer fremden, sterilen Krankenhausatmosphäre ohne jede menschliche Wärme und Zuwendung. Kommen dann im letzten Augenblick doch noch einige Angehörige, dann ist es oft zu spät für Worte oder Gesten. Der wichtige Augenblick wird von Medikamenten vernebelt, nichts Sinnvolles bleibt zu tun, jedenfalls nichts für den Sterbenden. Oft aber ist der Jenige schon tot, wenn die Angehörigen erscheinen. Manchmal aber werden die nächsten Personen auch weggeschickt, auf den nächsten Tag vertröstet - aber der nächste Tag vollendet nur die Gewissheit, dass es dass gewesen ist. Ich meine damit natürlich nicht, die schwer und schmerzhaft leidenden Krebskranken in ihren letzen Stunden - für jene sollte man alles tun, um es ihnen zu erleichtern.

Was ich meine ist, dass Menschen von 85 Jahren in Krankenhäuser überführt werden, um dann mit Spritzen, Schläuchen, Kanülen und Zwangsernährungen irgendwie am Leben erhalten werden. Ist das Hilfe für den Sterbenden? Oder nicht schon Folter? Nicht selten hört man dann von den Sterbenden Worte wie: »Hört doch auf, ich will das nicht, ich möchte nicht mehr, habe mein Leben gelebt!«

Ich denke, man sollte Menschen lieber im vertrauten Kreis sterben lassen, es wäre zumindest humaner. Medizin, die das Sterben verlängert, den Patienten quält und ihm die Würde nimmt, ist keine Hilfe -

höchstens der völlig falsch verstandene Versuch Leben um jeden Preis zu erhalten.

Leider aber gibt es noch andere praktische Gründe Sterbende in Krankenhäuser abzuschieben. Es ist bequemer einen Lebenden zu transportieren, so zu tun als hätte man damit etwas Helfendes getan, als ihn in Ruhe sterben zu lassen und dann mit dem Leichenwagen abzuholen. Dazu kommen dann noch die ganzen Umstände mit dem Totenschein, den Formalitäten, der Überführung ...

Machen wir uns nichts vor - ist es nicht oft so, dass der Sterbende oft gar nicht mehr zählt, seine Wünsche und Interessen sind nichts mehr Wert - er ist zu einer Sache mutiert, die sowieso bald entsorgt werden muss. Es sei denn, einer der Angehörigen traut sich zu, im Sinne des Sterbenden, ein Machtwort zu sprechen und die Verantwortung zu übernehmen. Oft versuchen sogar die untersuchenden Ärzte den Angehörigen zu drohen, mit Worten wie: »Wenn der Patient nicht sofort ins Krankenhaus käme, müssten sie mit einer Anzeige wegen unterlassener Hilfeleistung rechnen« oder »Ich als Arzt lehne jede Verantwortung ab, wenn der Patient nicht sofort ins Krankenhaus kommt!« - Was soll das? Solche nötigenden und erpressenden Worte überantworten den Sterbenden einer medizinischen Entsorgungsmaschinerie, in die kein Angehöriger mehr Einblick, geschweige denn einen Durchblick hat. Wissen die Schwestern und Ärzte eigentlich, was sie damit anrichten? Dass sie damit gegen jeden Anstand, jede Ethik und jede Moral verstoßen, schließlich ist auch ein Sterbender keine Sache oder kein Gerät, sondern immer noch ein Mensch!

Soviel zum Umgang mit Menschen in ihren letzten Stunden - wertlos, nutzlos, entmündigt. Irgendwann später dann eine Mitteilung für die Angehörigen. »Der Patient ist in der Nacht um 3 Uhr 51 verstorben«. Tatsächlich aber war es schon um 1 Uhr, es hatte nur keiner bemerkt, die Nachtschwester war völlig überlastet. Und was ändert es schon, ob der Patient ein paar Stunden früher oder später für tot erklärt wird? Zumindest ist das eine häufige Praxis in manchen Krankenhäusern.

Früher sagte man die Qualität einer Zivilisation zeigt sich darin, wie sie mit ihren Sterbenden und Toten umgeht. Oh ja, unsere Toten werden gut gepflegt. Schöne (teure) Särge und Steine oder Gruften sollen dann ersetzen, was man ihm als noch Lebenden vorenthalten hatte. Das Gewissen ist dann wieder reingewaschen und die Gesellschaft kann äußerlich sehr tiefe Trauer bezeugen. Der Sterbende hatte sich bestimmt das Gegenteil erhofft. Etwas mehr Trost und Zuwendung, ja sicher auch eine persönliche Begleitung über die Schwelle zum jenseitigen Ufer ...

Ich meine, dass sämtliche Naturvölker darin besser waren, als wir es heute sind. Worin liegt also unser zweifelhafter Gewinn?

Unabhängig von all diesen Äußerlichkeiten, aber bleibt der Tod oder das Sterben, was es ist, schon immer war und vielleicht auch noch eine lange Zeit sein wird. Nein, nicht für immer, denn mit diesem Begriff sollten wir sehr vorsichtig umgehen. Immer bedeutet schließlich eine unendlich lange Zeitspanne. Wir wissen jedoch, dass nach unseren sehr begrenztem Zeitempfinden nicht einmal das Weltall ewig alt ist. Nach unserem gegenwärtiges Wissen ist selbst das Weltall nur irgendwo zwischen 18 und 22 Milliarden Jahre alt. Was davor war, wissen wir nicht. Sicher gab es auch schon ein davor, aber nicht in der Form, wie wir es heute kennen. Geboren wurde unsere Welt in einem wahrscheinlichen Urknall, unsere heutig messbare Zeit wurde demnach damals geboren. Viele Wissenschaftler sind sich heute einig, dass mindestens noch einmal dieselbe Zeit bis zum Ende der heutigen Welt und ihrer Zeit vergehen wird. Und was kommt danach?

Wird es vielleicht keine Masse mehr geben, nur noch Energie … Das Sterben unserer Sonne allerdings wird schon sehr viel früher geschehen. Vielleicht noch 4 Milliarden Jahre? Ob es dann noch Menschen geben wird, ist fraglich. Versteinerte Spuren aber bestimmt, genau so versteinert, wie wir heute noch Fossilien finden.

Die Menschheit wird bis dahin die halbe Galaxie besiedelt haben und keine Macht im Universum wird die Menschheit als Gesamtheit mehr beseitigen können. Wir können vielleicht sogar zu göttergleichen Geschöpfen geworden sein, die vielleicht keinen simplen, physischen Tod mehr kennen?

Noch aber wird der Tod für lange Zeit alles menschliche Leben beherrschen und nach seinem Gutdünken Ernte halten.

Auch das Mysterium des Todes wird bleiben. Vielleicht auch das Reich der Toten?

Religiöse Aussagen sprechen bei Totenritualen oft den Satz von Ewigkeit zu Ewigkeit. Gemeint ist damit nur eine Metapher für das Entstehen und Vergehen unseres Universums, vielleicht 20 Milliarden Jahre ... und dann beginnt alles von vorne. Vielleicht genau so, wie es immer abgelaufen ist, seit Anbeginn aller Zeiten. Vielleicht habe ich diese Zeilen schon Milliarden Mal geschrieben und Milliarden mal wurden wir und unsere Welt unser Universum schon getilgt und sind immer wieder nach demselben Schema einer Naturkonstante immer wieder neu und in gleicher Weise entstanden? In den fernöstlichen, besonders den indischen Glaubenslehren gibt es viele diesbezügliche Aussagen über die große Pulsation des Alls und seiner ständigen Wiedergeburt ...

Wäre es nicht wirklich sehr traurig unumstößlich zu wissen, dass mit dem Tod alles zu Ende sein soll? Wozu hat man gelernt, wozu sich ein Leben lang geplagt, wozu versucht etwas Bleibendes zu schaffen, um dann letzten Endes ein für alle Mal einfach so von dieser Welt zu verschwinden. Was hätte das alles für einen Sinn? Nun ja werden einige sagen, wir leben in unseren Werken, in unseren Kindern weiter und diese wieder in ihren - so war es schon immer. Der Sinn des menschlichen Lebens besteht darin, die Gattung als solche zu erhalten und weiter zu führen. Das einzelne Individuum ist dabei fast unwichtig!

All diese Reden: das Leben sei so kurz und schließlich ist man ja so lange tot. Andere behaupten man sei nur dann tot, wenn sich keiner mehr erinnern kann. Aber das wäre dann ja auch schon wirklich bald und es würde für jeden von uns durchschnittlichen Menschen gelten. Wenn wir nichts Großes oder Spektakuläres bewerkstelligt haben, kein weltbewegendes Buch geschrieben, keine neuartige Theorie entwickelt, keinen Staudamm errichtet, dann sind wir tatsächlich bald vergessen. Vielleicht noch die Kinder und Kindeskinder, dann aber ist doch endgültig Schluss. Nun gut meinen Großvater habe ich noch kurz kennengelernt und manchmal denke ich auch an ihn, obwohl sein Grab irgendwo in Polen liegt, sicher als solches überhaupt nicht mehr zu erkennen ...

Da waren die ägyptischen Pharaonen besser dran - wir erinnern uns noch heute nach mehr als 4000 Jahren an sie.

Was sagte Napoleon im Anblick der Pyramiden? »Schaut auf diese Steine - 40 Jahrhunderte, blicken auf euch herunter!« Er hatte recht, die steinernen Riesen sprechen über sie noch nach all dieser Zeit und selbst ihre Gebeine sind noch greifbar ...

Apropos unsterbliche Seele. Seit dem Bau der ersten Pyramiden haben bei vorsichtiger Schätzung 8000 Generationen gelebt und sind gestorben - gehen wir von einer durchschnittlichen Bevölkerung von 600 Millionen aus so ergibt da eine Zahl von grob 5 Trillionen Menschen ... das sind mehr Menschen, als unsere und zahlreiche andere Galaxien Sterne haben. Stellen wir uns vor alle diese Seelen sind unsterblich und darum auch noch vorhanden. Die Zeit, die wir betrachtet haben, ist aber nur ein kleiner Teil der

Menschheitsgeschichte. Denkende Menschen gibt es schon seit mehreren Millionen Jahren - ich würde meinen diese Zahl der menschlichen Seelen würde die aller Sterne im uns bekannten Weltraum übersteigen. Wäre dass nicht eine gewaltige Bewusstseinsenergie. Gesetzt den Fall es gibt Milliarden bewohnte Planeten mit Wesen, die sich ihrer Existenz bewusst sind, ähnlich wie wir ... Welcher Gott würde dieses Chaos noch übersehen können, die unsterblichen Seelen der verschiedenen Spezies auseinanderhalten. Würde ein Gott das können? Nicht einmal, wenn er alle Zeit der Welt hätte, könnte er diese Mengen zählen, geschweige denn lenken oder beeinflussen. Oder gäbe es da doch eine Möglichkeit? Vielleicht ja. Wenn Gott nicht Gott wäre, sondern eine Naturkonstante, ein Grundelement jeder Materie. Das zwangsläufig die Materie, wenn sie eine bestimmte Entwicklung oder Dichte erreicht, hätte sich vielleicht sowieso, wie eine Bewusstseins gesteuerte Maschine verhalten würde? Vielleicht existiert dieses Universum nur aufgrund dieser Naturkonstante, die es in die gewünschten Bahnen lenkt. Ein kollektives, übermächtiges Bewusstsein, was dieses Universum steuert und führt und lenkt? Vielleicht sind wir nur ein winziger Teil dessen was die Umschreibung Gott bedeutet, wir selbst sind es die den Lauf der Welt, der Materie und des Universums bestimmen? Steht es so in den alten Schriften - der Mensch kann und muss eins sein mit dem Universum. Wir sind das Universum, das Universum ist in uns und gleichzeitig sind wir auch ein lenkendes Teil davon ... Eigentlich sollten wir uns dessen bewusst sein, aber anscheinend ist uns in einer modernen Welt Lebenden, diese Fähigkeit abhandengekommen.

Fernöstlich Glaubensgemeinschaften lehren und praktizieren die innere Versenkung, dieses eins sein mit dem All oder wie auch immer. Eines steht dabei unumstößlich fest, diese Menschen dort, die dieses praktizieren, sind uns in innerer Ruhe, Ausgeglichenheit und Zufriedenheit weit überlegen. Keine noch so ausgeklügelte Technik unserer modernen Welt kann sich mit diesen Menschen messen. Wir glauben überlegen zu sein, aber wir sind es nicht. Wir züchten mit unserer Lebensweise Psychopaten, Menschen, die unter Depressionen leiden, die mit sich und der Umwelt nicht mehr klarkommen, die keinen Halt mehr finden in unserer ach so modernen Welt. In den Reihen der Shaolin oder der buddhistischen Mönche, des Lamaismus findet man keinen Einzigen, der mit sich oder seiner Umwelt nicht zurande käme und das ist nicht nur eine Sache des Glaubens, sondern vielmehr das Resultat wie die Menschen zu sich und ihrer Umwelt stehen. Diese glaubenden Mönche fühlen sich einbezogen in das Ganze, als ein Teil vom All.

Nichts gegen unsere Wissenschaft und Technik, es sind wirklich große Gewinne. Aber wie nutzen wir sie - nur sehr viel weniger als es möglich wäre. Wir könnten damit auf unserer ganzen Welt innerhalb von wenigen Generationen ein blühendes Paradies machen - Hunger und Kriege würden auf immer der Vergangenheit angehören. Was aber tun, oder dulden wir? Genau das Gegenteil - alles Wissen nutzen wir um neue Waffen zu ersinnen, Macht und Geld anzuhäufen, die Armen auszubeuten und ihnen jede Möglichkeit zu nehmen sich selbst zu versorgen und das nennen wir dann noch Zivilisation?

Natürlich gibt es auch die Andersdenkenden, die kläglichen Versuche Spenden zu sammeln und zu helfen - der Lächerlichkeit preisgegeben, wenn man in die Waagschale werfen würde, welche Mittel und Ressourcen für Kriege und das Ansammeln von Macht und Geld ausgegeben werden ... ich wage zu behaupten, mehr als das Tausendfache.

Doch zurück. Was das Sterben und den Tod anbelangt, sind uns diese fernöstlichen Traditionen himmelweit überlegen. Weil eben der Tod dort nicht Arm oder Reich trennt oder unterscheidet. Schließlich sind wir im Tod und im Sterben alle gleich - wie man so schön sagt: »Das letzte Hemd hat keine Taschen!« Nichts und niemand kann wirklich etwas Materielles mit hinübernehmen, nicht seinen Körper, nicht seinen Schmuck, nicht seine Kleider noch seine Waffen. Alles das bleibt zurück in der Welt der Lebenden.

Die Gedanken zum Zeitpunkt des Todes wandern vielleicht noch einmal zurück, lassen das Leben abrollen wie in einem Film. Gutes und Schlechtes wird noch einmal sichbar, vielleicht auch besser beurteilbar als zu Lebzeiten. Vielleicht erschwert es das Sterben eines Menschen, der viel Böses getan hat, vielleicht liegt es ihm wie eine zentnerschwere Last auf der Brust. Vielleicht erleichtert es ihn, noch einmal mit irgendjemandem darüber zu sprechen. Vielleicht ist ein

Geistlicher erforderlich, der ihm im Namen des Heiligen Geistes seine Beichte abnimmt und ihm die Vergebung seiner Sünden anbietet? Ob ein Geistlicher das wirklich kann, sei dahin gestellt - aber es nutzt, weil es den Sterbenden von Lasten befreit die er nicht mit sich tragen will oder kann …
Ich weiß nicht, ob es Menschen in unserer Gesellschaft gibt, die nichts, gar nichts zu bereuen haben? Ganz junge Menschen vielleicht, aber gewiss keine Älteren, die ihr Leben gelebt haben …

Zum Trost für die Hinterbliebenen ...

Jeder Verstorbene ruhe in Frieden!
Er ist nicht mehr unter uns. Er ist gegangen. Alle Schmerzen der Seele und des Körpers, alle Nöte und Sorgen, alle Pein, all seine Pflichten und Verpflichtungen sind von ihm gefallen. Menschen können ihm nichts mehr anhaben weder im Guten noch im Bösen. Wir, die um ihn trauern werden ihn nie vergessen.
In unseren Gedanken lebt er weiter.

Wer in den Herzen der Menschen lebt und geliebt wurde, wird niemals sterben ...

Der Autor

www.ingramcontent.com/pod-product-compliance
Lightning Source LLC
Chambersburg PA
CBHW050023230526
45470CB00003B/1097